BEI GRIN MACHT SICH IHR WISSEN BEZAHLT

- Wir veröffentlichen Ihre Hausarbeit, Bachelor- und Masterarbeit

- Ihr eigenes eBook und Buch - weltweit in allen wichtigen Shops

- Verdienen Sie an jedem Verkauf

Jetzt bei www.GRIN.com hochladen und kostenlos publizieren

Thomas Dörr

Extremwerte unter Nebenbedingungen. Das Problem mit der Verpackung

Lehrprobe Mathematik (9. Klasse)

GRIN Verlag

Bibliografische Information der Deutschen Nationalbibliothek:

Die Deutsche Bibliothek verzeichnet diese Publikation in der Deutschen Nationalbibliografie; detaillierte bibliografische Daten sind im Internet über http://dnb.d-nb.de/ abrufbar.

Dieses Werk sowie alle darin enthaltenen einzelnen Beiträge und Abbildungen sind urheberrechtlich geschützt. Jede Verwertung, die nicht ausdrücklich vom Urheberrechtsschutz zugelassen ist, bedarf der vorherigen Zustimmung des Verlages. Das gilt insbesondere für Vervielfältigungen, Bearbeitungen, Übersetzungen, Mikroverfilmungen, Auswertungen durch Datenbanken und für die Einspeicherung und Verarbeitung in elektronische Systeme. Alle Rechte, auch die des auszugsweisen Nachdrucks, der fotomechanischen Wiedergabe (einschließlich Mikrokopie) sowie der Auswertung durch Datenbanken oder ähnliche Einrichtungen, vorbehalten.

Impressum:

Copyright © 2010 GRIN Verlag GmbH
Druck und Bindung: Books on Demand GmbH, Norderstedt Germany
ISBN: 978-3-656-71793-5

Dieses Buch bei GRIN:

http://www.grin.com/de/e-book/278096/extremwerte-unter-nebenbedingungen-das-problem-mit-der-verpackung

GRIN - Your knowledge has value

Der GRIN Verlag publiziert seit 1998 wissenschaftliche Arbeiten von Studenten, Hochschullehrern und anderen Akademikern als eBook und gedrucktes Buch. Die Verlagswebsite www.grin.com ist die ideale Plattform zur Veröffentlichung von Hausarbeiten, Abschlussarbeiten, wissenschaftlichen Aufsätzen, Dissertationen und Fachbüchern.

Besuchen Sie uns im Internet:

http://www.grin.com/

http://www.facebook.com/grincom

http://www.twitter.com/grin_com

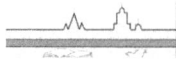 Staatliches Studienseminar
für das Lehramt an berufsbildenden Schulen
- Mainz -

Unterrichtsentwurf zur ersten
benoteten Lehrprobe Mathematik in der Klasse HBFS 09a

Thema der Unterrichtsstunde:
„Extremwerte unter Nebenbedingungen – Das Problem mit der Verpackung"

Thema der Unterrichtsreihe:
Untersuchung ganzrationaler Funktionen

Ausbildungsfach:	Mathematik
Klasse:	HBFS 09a
Ausbildungsschule:	xxx-Schule
Datum:	01. Dezember 2010
Zeit:	8.10 – 9.40 (1./2. Stunde)
Raum:	101
Referendar:	Thomas Dörr

Inhaltsverzeichnis

1. Mein Konzept 3
2.1 Meine Lerngruppe 4
2.2 Folgerungen für meinen Unterricht in dieser Lerngruppe 5
3. Einordnung des Themas in den Rahmenlehrplan 6
4. Kompetenzwahl 7
5. Meine didaktische Überlegungen und methodischen Entscheidungen zur Unterrichtsstunde 8
6. Zur Einbettung in die Unterrichtsreihe 14
7. Verlaufsübersicht der 1. und 2. Unterrichtsstunde 16
Literaturverzeichnis 17
Anhang 18

1. Mein Konzept

Wie ich mich als Lehrer in Bezug auf diese Lerngruppe momentan erlebe...
In Absprache mit der Schulleitung und meiner Mentorin, werde ich die Lerngruppe ein weiteres Jahr unterrichten und in der Oberstufe der höheren Berufsfachschule weiterhin begleiten. Nach wie vor fühle ich mich in dieser Klasse sehr wohl und habe einen guten Umgang mit den Schülerinnen und Schülern. Dazu gehe ich respektvoll mit allen Schülerinnen und Schülern um und bemühe mich, eine vertraute und positive Lernatmosphäre zu schaffen. Dieser respektvolle und wertschätzende Umgang mit der Lerngruppe ist mir sehr wichtig und Grundlage für ein gutes Arbeitsklima.

So sehe ich mich in meiner Lehrerrolle...
Mein Konzept vom Lehrersein sehe ich in der Rolle des begleitenden Ansprechpartners in der Klasse, der Lernarrangements organisiert und die Schülerinnen und Schüler für diese motiviert. Außerdem versuche ich die Lerngruppe durch interessante und realitätsnahe Aufgabenstellungen zu aktivieren. So sollen die Schüler die Mathematik zwar als abstrakte Wissenschaft kennen lernen, aber auch die Sinnhaftigkeit mit Bezügen zum Alltagsleben erfahren und verstehen. Außerdem bringe ich den Schülerinnen und Schülern Verständnis entgegen, wozu ein gewisses Maß an Einfühlungsvermögen erforderlich ist. Dies soll dazu führen, dass den Schülerinnen und Schülern eine gewisse Sicherheit übermittelt wird, um sich angstfrei und selbstständig mit dem Lernstoff auseinandersetzen zu können. Weiterhin stehe ich den Schülerinnen und Schülern mit meinem Fachwissen zur Seite und gebe Hilfestellungen bei der Bewältigung des Unterrichtsstoffs.

Meine nächsten Schritte, um dieses Ziel zu erreichen, sind...
Mein Ziel im Mathematikunterricht besteht darin, in erster Linie das Interesse der Schülerinnen und Schüler für die Mathematik zu wecken. Dazu versuche ich, die Klasse durch selbstständige Tätigkeiten und Überlegungen aktiv mit in den Unterricht einzubeziehen. Jeder Einzelne der Lerngruppe soll sich durch die eigene Initiative die Unterrichtsinhalte erarbeiten können. Durch selbstständiges Arbeiten wird die Eigenverantwortung der Schülerinnen und Schüler gefördert. Außerdem wird durch eine Übertragung auf realitätsnahe Problem- und Aufgabenstellungen den

Schülerinnen und Schülern der Bezug zur Mathematik näher gebracht. Hierfür ist gerade das Themengebiet der Extremwertaufgaben unter Nebenbedingungen sehr gut geeignet. Durch experimentelles Arbeiten können sich die Schüler auch ohne mathematische Formeln mit Mathematik auseinandersetzen. So möchte ich auch gerade die Leitungsschwächeren aktiv in den Unterricht mit einbeziehen und ihnen die Chancen zeigen, im Mathematikunterricht weiter zu kommen. Auf diese Weise sollen alle Schüler die Möglichkeit bekommen, an ihrem individuellen Leistungsstand weiter zu arbeiten.

2.1 Meine Lerngruppe

Im ersten Jahr bestand die Klasse aus insgesamt 24 Schülerinnen und zwei Schülern. Davon wurden sieben Schülerinnen nicht in die Oberstufe der höheren Berufsfachschule Sozialassistenz versetzt. Von den verbleibenden 19 Schülerinnen und Schülern haben sechs Schülerinnen einen Migrationshintergrund, die meisten davon sind türkischer Abstammung.

Die Lernatmosphäre in dieser Lerngruppe lässt sich als sehr angenehm und sozial ausgewogen beschreiben. Die Schülerinnen und Schüler können mit Fehlern umgehen und werden nicht von anderen augelacht, eher das Gegenteil ist der Fall. Die guten Mitschüler versuchen in diesen Momenten unterstützend den Schwächeren unter die Arme zu greifen. Im Gegensatz zum letzten Schuljahr, in dem ich die Klasse als eher unruhig und teilweise unkonzentriert beschrieben habe, hat sich der rege Gesprächsbedarf der Schülerinnen und Schüler vermindert und der Unterricht wird weniger durch Unterhaltungen gestört. Dieses Bild hat sich in den ersten Wochen nach den Sommerferien herausgestellt und auch in den vergangenen Wochen bestätigt. Die meisten Schülerinnen und Schüler sind seit Beginn des Schuljahres motivierter und lassen sich mehr und mehr auf den Mathematikunterricht ein. Besonders positiv sind zwei Schülerinnen aufgefallen, die im letzten Schuljahr die Note „ausreichend" bzw. „mangelhaft" aufwiesen. Sie bringen den Unterricht durch aktive Mitarbeit und die Qualität ihrer Ideen weiter. Hintergrund der positiven Entwicklung der Lerngruppe ist meines Erachtens zum einen der Zeitpunkt des Unterrichts. Der Unterricht findet in diesem Schuljahr dienstags in der 5. Stunde und freitags in den ersten beiden Stunden statt. Dies ist im Gegensatz zum

Nachmittagsunterricht des vergangenen Schuljahres eine günstigere Uhrzeit, da die Konzentrationsfähigkeit der Schüler hier weitaus höher ist. Zum anderen ist vermutlich auch die geringere Schülerzahl, wodurch ein wesentlich konzentrierteres Arbeiten möglich ist, ein steigender Faktor für die positive Entwicklung der Lerngruppe. Dabei ist anzumerken, dass die nicht versetzten SchülerInnen in Mathematik mit der Note „ausreichend" oder „mangelhaft" bewertet wurden. Die Lerngruppe ist homogener geworden und leistungsmäßig enger zusammengerückt. Außerdem haben sich die Schüler nach einem Jahr in der Unterstufe an das Arbeitsklima gewöhnt und sind jetzt motiviert das Ziel Fachabitur am Ende des Schuljahres zu erreichen.

Leider steht in diesem Schuljahr keine Förderunterrichtsstunde mehr zur Verfügung, weshalb der Mathematikunterricht in dieser Klasse derzeit lediglich drei Wochenstunden umfasst. Da auch das Schuljahr sehr kurz ist und die Klasse im Januar ein Praktikum absolviert, ist die Zeit bis zu den Abschlussprüfungen knapp.

2.2 Folgerungen für meinen Unterricht in dieser Lerngruppe

In Bezug auf den Mathematikunterricht stelle ich eine positivere Haltung der Schülerinnen und Schüler fest. Die meisten Schüler der Lerngruppe lassen sich immer mehr auf die Mathematik ein. Dies liegt wahrscheinlich an dem angenehmen Arbeitsklima, das in der Klasse zu erkennen ist. Für den Lernprozess ist es notwendig, Fehler zu machen und daraus die richtigen Schlüsse zu ziehen. Dazu trägt eine positive Lernatmosphäre bei, in der es erlaubt ist, Fehler zu machen und mit diesen umzugehen. Außerdem ist es sinnvoll, im Unterricht ausreichend Zeit zum Verstehen und Üben von Unterrichtsinhalten bereitzustellen, um diese zu festigen. Allerdings sind die Übungszeiten aufgrund des knappen Zeitrahmens in diesem Schuljahr zeitlich beschränkt. Allerdings ist im Gegenzug die Lerngruppe motiviert, sich selbstständig mit den Unterrichtsinhalten auseinander zu setzen.

Zur weiteren Motivation setze ich gelegentlich mathematische Knobelaufgaben im Unterricht ein. Aufgrund des positiven Feedbacks nach dem Gestaltungsmodul, stelle ich der Lerngruppe zu Beginn einer Unterrichtsstunde eine solche Aufgabenstellung zur Auflockerung bereit. Es ist interessant zu sehen, dass alle Schülerinnen und

Schüler sich aktiv mit der Aufgabe auseinandergesetzt, weshalb ich regelmäßig solche Knobelaufgaben in den Unterricht mit einbeziehe.
Weiterhin muss ich feststellen, dass bei vielen Schülerinnen und Schülern dieser Klasse immer noch grundlegende mathematische Fertigkeiten fehlen. Da im jetzigen Schuljahr die einstündige Förderunterrichtsstunde nicht mehr zur Verfügung steht, kann im Unterricht das Wiederholen von grundlegenden mathematischen Inhalten kaum noch gewährleistet werden. Die Sicherung von Basiswissen ist unverzichtbar und die Voraussetzung für einen erfolgreichen Lernerfolg in der Mathematik, so auch im Bereich der Analysis. Daher sind die Schülerinnen und Schüler dazu angehalten, sich fehlendes Wissen eigenverantwortlich anzueignen bzw. das neu Elernte zu vertiefen.

3. Einordnung des Themas in den Rahmenlehrplan

In der höheren Berufsfachschule dient der Lehrplan Mathematik vom 09.08.2005 des Ministeriums für Bildung, Frauen und Jugend als didaktische Grundlage. Dieser ist aufgeteilt in Lernbausteine, die sich nochmals in ihre jeweiligen Lernbereiche aufgliedern. Dabei werden in der HBFS die beiden Lernbausteine 3 und 4 zum Gegenstand des Unterrichts.
Die geplante Unterrichtsstunde im Mathematikunterricht ist Teil des Lernbausteins 4, Lernbereich 1: „Anwenden der Differentialrechnung"[1]. Im Bereich dieses Lernbausteins sieht der Lehrplan folgende Kompetenzschwerpunkte vor:

> ➢ Lösungsstrategien der Differentialrechnung formulieren, begründen und auf verschiedene komplexe Problemstellungen übertragen und anwenden;
> ➢ Funktionen anhand ihrer charakteristischen Merkmale in Form von Skizzen visualisieren und analysieren;
> ➢ Problemstellungen auf relevante Informationen hin strukturieren und reduzieren sowie diese zur Lösung der mathematischen Probleme nutzen;
> ➢ Aufgaben der Differenzialrechnung konstruktiv im Team lösen und die Teamarbeit im Hinblick auf Effektivität und Zielerreichung analysieren;

---

[1] LEHRPLAN MATHEMATIK: Lernbaustein 3, Lernbereich 2, 2005, S.20.

> Komplexe Anwendungen im Zusammenhang mit Optimierungsaufgaben und dem Aufstellen von Funktionsgleichungen in mathematische Modelle übersetzen und die im mathematischen Modell gewonnenen Lösungen an der Realsituationen überprüfen.[2]

4. Kompetenzwahl

Indem die Schülerinnen und Schüler ein Verfahren zur Minimierung der Oberfläche einer zylinderförmigen Dose mit konstantem Volumen entwickeln, wenden sie ihre bislang erworbenen Kenntnisse zur Berechnung von Extremwertaufgaben in der Ebene an und übertragen dieses Wissen auf eine komplexere Problemstellung im Raum. Außerdem erkennen sie, dass Zylinder mit identischem Volumen nicht unbedingt die gleiche Oberfläche besitzen, indem sie die Oberfläche mehrerer Dosen zunächst modellieren und dann rechnerisch nachprüfen. In diesem Zusammenhang soll ebenfalls klar werden, dass bei konstantem Volumen die Oberfläche von Höhe und Radius des Zylinders abhängen.

Zur Ausarbeitung der Problemstellung wenden die Schülerinnen und Schüler weiterhin ihre Erkenntnisse der Differentialrechnung an. Des Weiteren legen die Schülerinnen und Schüler ihre Arbeitsschritte zur Bearbeitung der Aufgabenstellung eigenständig fest. Außerdem wird durch den Informationsaustausch die Kooperation der Schüler untereinander gefördert. Zudem werden Bedürfnisse und Interessen artikuliert und somit in die Teamarbeit mit integriert. Durch geeignete Zeitvorgaben wird ein zielgerichtetes und konzentriertes Arbeiten gefördert.

---

[2] LEHRPLAN MATHEMATIK: Lernbaustein 3, Lernbereich 2, 2005, S.20.

5. Meine didaktische Überlegungen und methodischen Entscheidungen zur Unterrichtsstunde

Extremwertaufgaben haben im Analysisunterricht ihren festen Platz. Die schulklassischen Kriterien der Kurvendiskussion sind ein leistungsfähiges Instrument zur Berechnung lokaler Extremwerte. Sie begründen den im Analysisunterricht traditionell vertrauten Algorithmus zur Lösung von Extremwertproblemen.[3]

Zur Berechnung solcher Extremwertaufgaben sind die Grundlagen der Differentialrechnung notwendig. Im letzten Schuljahr lag ein Schwerpunkt auf der Kurvendiskussion. Diese Kenntnisse werden im Zusammenhang mit diesen Aufgabentypen angewendet.

Der Einstieg in dieses anschauliche und anwendungsorientierte Thema gelang mit einfachen Umfangs- und Flächeninhaltsproblemen. Dabei handelte es sich lediglich um Aufgabenstellungen, die sich in zweidimensionaler Ebene bewegen. Diese einfacheren Aufgaben sind übersichtlich und geben den Schülern einen guten Einblick in das Thema. Anschließend hat sich die Lerngruppe mit der Strukturierung solcher Aufgabentypen auseinandergesetzt und eine Beispielaufgabe auf Plakaten festgehalten. Diese Plakate wurden in der Klasse aufgehängt.

In der nun folgenden Doppelstunde sollen sich die Schülerinnen und Schüler mit einem Problem im dreidimensionalen Raum beschäftigen. Diese Aufgabenstellung ist komplexer und aufwändiger als die bisherigen, da hier eine Dimension mehr zu betrachten ist. Außerdem handelt es sich dabei um eine Oberflächenberechnung eines Zylinders mit konstantem Volumen. Dabei sind die beiden Variablen r (Radius der Grundfläche) und h (Höhe des Zylinders) veränderbar und hängen unmittelbar voneinander ab. Die Schwierigkeit liegt zunächst einmal darin, dass die Schülerinnen und Schüler erkennen müssen, ob und wie all diese Größen miteinander in Verbindung stehen. Ein zusätzliches Problem für die Lerngruppe könnte durch die Formeln für die Oberfläche und das Volumen eines Zylinders entstehen. Speziell in diesen Formeln steckt die Zahl „Pi", die durch den griechischen Buchstaben π dargestellt wird. Spätestens bei der Berechnung der Zielfunktion könnten die Schüler hier Schwierigkeiten bekommen.

---

[3] DANCKWERTS, R./DANKWART, V.: „Analysis verständlich unterrichten", S.168ff.

Bei der Planung dieser Doppelstunde habe ich bewusst den Schwerpunkt auf eine Aufgabenstellung gelegt. Da diese Aufgabe sehr komplex ist und mehrere Themengebiete abdeckt, war es mir wichtig, dass alle Schülerinnen und Schüler wissen, worum es geht und an welcher Stelle der Aufgabe man sich gerade befindet. Es ist mir wichtig, hier den Blick auf das Wesentliche zu richten und um die Schülerinnen und Schüler mit einer solchen komplexen Aufgabe nicht zu überfordern. Daher habe ich mich auf eine Aufgabe fokussiert und keine Differenzierung vorgenommen.

Heute steht das Problem der Oberflächenminimierung einer zylinderförmigen Getränkedose mit einem Volumen von $330 cm^3$ im Vordergrund. Da es sich um eine möglichst geringe Oberfläche handeln soll, wird bei der Aufgabenstellung die Frage des Materialverbrauchs bei der Herstellung solcher Dosen aufgegriffen. Bei dieser Fragestellung handelt es sich also um eine Extremwertaufgabe, die mit Hilfe der Differenzialrechnung exakt gelöst werden kann. Um den Forderungen des Lehrplans gerecht zu werden, also die „Anwendungsrelevanz des Fachs Mathematik" zu verdeutlichen, habe ich mich für einen praxisnahen Einstieg entschieden. Er liefert die Legitimation der Behandlung und auch für schwächere Schüler bleibt so die Lernchance gewahrt, da zur Durchdringung des Problems zunächst keine mathematischen Kenntnisse benötigt werden.

In der ersten Erarbeitungsphase sollen die Schülerinnen und Schüler sich experimentell mit der Problemstellung auseinandersetzen. Um sich eine Vorstellung von den Zusammenhängen der einzelnen Komponenten Radius, Höhe, Volumen und Oberfläche eines Zylinders anzueignen, gehen die Schülerinnen und Schüler experimentell an das Problem heran. Dies geschieht in Partnerarbeit, um so eine hohe Schüleraktivität zu erreichen. Das Messen erfolgt an dieser Stelle relativ, da hier die Abhängigkeit von Höhe und Volumen als Phänomen im Vordergrund steht. Durch die eigene Gestaltung einer Dose werden die Schüler motiviert und ihr Interesse für das Themengebiet geweckt. Der Einstieg in Form eines Problems aus dem Alltag, verbunden mit dem Basteln der Dosen, soll die Schüler motivieren und ihnen die Möglichkeit geben, ein Gefühl für die Abhängigkeit des Volumens von der Höhe und dem Radius des Zylinders zu bekommen. Die von den Schülerinnen und Schülern gebastelten Zylinder können zusätzlich noch mit Reis befüllt werden, um so über eine relative Abschätzung für die Beziehung zwischen Volumen und den beiden Variablen Höhe und Radius zu visualisieren. Weiterhin bekommt man so eine Rückmeldung, ob das konstruierte Dosenmodell auch tatsächlich das vorgegebene Volumen von 0,33 l aufweist.

Beim Experimentieren untersuchen die Schüler mathematische Objekte bzw. Zusammenhänge oder reale Phänomene mit Blick auf eine vorgegebene Fragestellung.[4] Dabei planen sie die Untersuchung so, dass sie aufgrund von Beobachtungen Vermutungen aufstellen, konkretisieren oder überprüfen können. So wird der Unterricht handlungsorientiert gestaltet und gleichzeitig das problemlösende Denken sowie der Aufbau tragfähiger individueller Vorstellungen gefördert.[5]

In einem Unterrichtsgespräch nach der ersten Erarbeitungsphase sollen die Gruppen ihre Ergebnisse besprechen. Dieses Gespräch findet in einem Stehkreis um einen Gruppentisch statt. Bevor die Besprechung beginnt, sollen alle auf einem auf Flipchart vorbereiteten Koordinatensystem, Punkte für ihre Ergebnisse eintragen. Dabei sind auf der x-Achse der Radius und auf der y-Achse die Oberfläche abzutragen. Dies soll den Zusammenhang zu einer mathematischen Funktion verdeutlichen. Nun wird den Schülerinnen und Schülern Raum zur Diskussion gegeben, um so auch eventuelle Fragen in der Gruppe zu klären. In diesem Zusammenhang werden Lösungswege erörtert und Handlungsprodukte demonstriert. Dabei liegt der Fokus auf der Besprechung des Zusammenhangs von Radius und Höhe. Ein weiterer Besprechungspunkt ist die stets variierende Oberfläche eines Zylinders bei gleichbleibendem Volumen und sich stets ändernden Variablen. Um diesen Zusammenhang zu visualisieren, wird anschließend mit Hilfe eines Laptops mit dem Computerprogramm Cabri3D über einen Beamer dieser Zusammenhang anschaulich verdeutlicht. Anschließend wird der Fokus wieder auf die ursprüngliche Aufgabenstellung – die Minimierung der Oberfläche – gelegt. Dazu wird noch einmal die Fragestellung formuliert und an der Tafel für alle gut sichtbar aufgehängt. Ist die Aufgabenstellung geklärt gehen die Schülerinnen und Schüler in die nächste Erarbeitungsphase.

---

[4] BRUDER, R./LEUDERS, T./BÜCHTER, A.: „Mathematikunterricht entwickeln", S.121ff.
[5] BARZEL, B./BÜCHTER, A./LEUDERS, T.: „Mathematik Methodik", S.70ff.

In der zweiten Erarbeitungsphase steht die Methode des Lösens von Extremwertaufgaben im Vordergrund. Dabei findet sich die Lerngruppe in Gruppenarbeit an den vier Gruppentischen zusammen und stellt aus den bisher erarbeiteten Zusammenhängen eine Zielfunktion auf, die danach auf Extremwerte untersucht wird. An dieser Stelle müssen die Schüler auf das bisher erlangte Wissen aus den vorrangegangenen Stunden zurückgreifen und die Aufgabenstellung nach Haupt- und Nebenbedingung untersuchen. Das Hauptaugenmerk liegt dabei auf der Übersetzung der gegebenen Eigenschaften in die Fachsprache der Mathematik und daran anknüpfend die Anwendung von Routineverfahren zur Lösung der Aufgabenstellungen. Dazu können sich die Schüler weiterhin an dem Informationsblatt orientieren. Da ich davon ausgehe, dass die Schüler nicht wissen, wie die Formel für Volumen und Oberfläche eines Zylinders lautet, sollen sie durch dieses Hilfsblatt schnell orientiert werden, um den Zeitaufwand durch Nachschlagen im Buch oder anderen Quellen möglichst gering zu halten. Weiter finden sich auf dem Blatt Skizzen von Volumen und Oberfläche eines Zylinders, Formeln für die Oberfläche und das Volumen sowie die Darstellung der Zahl „Pi".[6] Zur späteren Präsentation sollen die jeweiligen Gruppen zudem ein Plakat erstellen. Bei der Erarbeitung der Aufgabe gehe ich nicht davon aus, dass alle Gruppen eine fehlerfreie Lösung samt Rechnung aufschreiben. Auch werden Fehler in den Lösungsschritten bewusst zugelassen, um diese in der Reflexionsphase aufgreifen und besprechen zu können. Außerdem soll eine konkrete Zeitvorgabe den einzelnen Partnergruppen zur zeitlichen Orientierung dienen.

Ist die Zielfunktion $O(r) = 660 \cdot \frac{1}{r} + 2 \cdot \pi \cdot r^2$ für die Oberfläche gefunden, wird diese hinsichtlich ihres Minimums analysiert. Bei der Untersuchung wenden die Schülerinnen und Schüler ihre Kenntnisse aus der Unterrichtsreihe zum Thema Kurvendiskussion an. Dazu benötigen sie die 1. und 2. Ableitung zur Bestimmung und Bestätigung des Extremwerts. Hier könnten die Schüler Probleme bekommen, da die Funktion erst durch eine Potenzumformung zu $O(r) = 660 \cdot r^{-1} + 2 \cdot \pi \cdot r^2$ ableitbar ist. Bei der weiteren Rechnung könnte es den Schülern Schwierigkeiten bereiten, dass sie die erste Ableitung nach r auflösen müssen, um den Radius für die minimale Oberfläche zu bestimmen. Es handelt sich um folgende Rechnung:

---

[6] Informationsblatt siehe Anhang

i) $0 = -660 \cdot r^{-2} + 4 \cdot \pi \cdot r$

ii) $0 = -660 \cdot \dfrac{1}{r^2} + 4 \cdot \pi \cdot r$

iii) $0 = -660 + 4 \cdot \pi \cdot r^3$

iv) $r^3 = \dfrac{660}{4 \cdot \pi}$

v) $r = \sqrt[3]{\dfrac{660}{4 \cdot \pi}} \approx 3{,}74 [\text{cm}]$

In Gleichung ii) besteht die Schwierigkeit, r^2 aus dem Nenner des Bruchs zu neutralisieren. Das Ziehen der 3. Wurzel von Schritt iv) zu v) ist der Klasse nur aus vorherigen Schulformen bekannt. Daher könnte es hier ebenfalls zu einem Hindernis kommen, die Rechnung fortzuführen.

Um manchen dieser algebraischen Probleme entgegenzuwirken, wurde in der vorherigen Stunde eine Aufgabenstellung zur Optimierung eines Fensters behandelt. Innerhalb dieser Problemstellung kommt unter anderem die Zahl Pi und ein Bruch in der Zielfunktion vor. Auf diese Weise soll den Schülern zu einem besseren Umgang mit diesen möglichen Problemen verholfen werden.

Während der beiden Erabeitungsphasen stehe ich für eventuell auftretende Fragen bereit und gebe bei Problemen den Schülerinnen und Schülern, falls es notwendig ist, die nötigen Impulse.

Die entworfenen Plakate der jeweiligen Gruppen werden, im Anschluss an die zweite Erarbeitungsphase, vorne an der Tafel aufgehängt. Nun haben alle Schülerinnen und Schüler die Möglichkeit, sich die Handlungsprodukte ihrer Mitschüler in einer Vernissage anzuschauen. Dazu haben sie ein paar Minuten Zeit, bevor es in die Besprechung der Ergebnisse übergeht. Haben sie sich die Plakate angesehen, versammelt sich die Klasse in einem Halbkreis um die Tafel und kommt miteinander ins Gespräch.

Diese Phase geht fließend über in die Reflexionsphase. Dabei wird noch einmal die Problemstellung klar gemacht, um dann den Übergang zur Aufgabe herzuleiten. Eine Gruppe beginnt damit, ihre Erkenntnisse deutlich zu machen. Es soll bewusst werden, wie sie auf die Haupt- bzw. Nebenbedingung und letztlich die Zielfunktion gekommen sind. An diesem Punkt sollen auch die Plakate aus der letzten Unterrichtseinheit einbezogen werden, in der die Strukturierung einer solchen

Aufgabe vorgenommen wurde. Hierbei ist es jetzt wichtig, dass die Schülerinnen und Schüler ihr erlerntes Wissen auf die komplexere Aufgabenstellung übertragen und die Anwendung erkennen können. Außerdem ist es hier auch wichtig, die oben beschriebenen schwierigen algebraischen Umformungen zu besprechen, die zum Gelingen einer solchen Rechnung notwendig sind. Dazu wird auch der Funktionsgraph der Zielfunktion mit einbezogen. Die Schüler sollen den Zusammenhang zwischen dem Graphen und ihren errechneten Werten und zuvor gesetzten Punkten erkennen. Außerdem sollen in der Reflexionsphase eventuell auftretende unterschiedliche Lösungswege der einzelnen Gruppen analysiert werden. Dabei wird auf gemachte Fehler oder Probleme bei den algebraischen Umformungen eingegangen.

Je nachdem wieviel Zeit zur Besprechung und Reflexion für diese Aspekte benötigt wurde, kann auf eine weiteres Thema eingegangen werden. Als Ausblick und in Bezug auf die Praxis, sollen Gründe dafür gesucht werden, warum Coca Cola keine „optimale" Dose herstellt, sondern eine Dose mit höherem Materialverbrauch. Könnte man nicht dieses Material auch noch einsparen?

Als Hausaufgabe bekommt die Lerngruppe eine weitere komplexe Aufgabenstellung, welche sie auf einem bereits ausgeteilten Aufgabenblatt finden.

6. Zur Einbettung in die Unterrichtsreihe

Datum	Kompetenzschwerpunkt/ Erziehungsauftrag als übergeordnetes Ziel	Thema/Inhalt	Methoden	Materialien/Medien
16.11.2010	- Kompetenzschwerpunkt: Analysekompetenz - Übergeordnete Kompetenz: Selbstreflexion des eigenen Arbeitsprozesses	- einfache Extremwertaufgaben unter Nebenbedingung - Fokussierung auf die Aufgabenstellung → Um was geht es? Was ist gesucht? Was ist gegeben?	- Konfrontationsmethode - Ideen sammeln - offene Unterrichtsform	- Arbeitsblätter - Tafel - Overheadprojektor
19.11.2010	- Kompetenzschwerpunkt: Fachkompetenz – Analysekompetenz	- Aufgreifen der Problemstellungen aus der letzten Stunde - Herausstellen der Haupt- und Nebenbedingungen - Zusammenhang zwischen den beiden Bedingungen	- Gruppenarbeit - Besprechung der Ergebnisse im Plenum	- Arbeitsblätter - Tafel - Metaplankarten
23.11.2010	- Kompetenzschwerpunkt: Strukturierungskompetenz – Analysekompetenz - Übergeordnete Kompetenz: Fachkompetenz	- Strukturierung der Herangehensweise an diese Aufgabenstellungen - Formulierung von Kriterien - Strategien entwickeln, um solche Aufgaben zu lösen - Erstellen eines Plakates → Aufhängen in der Klasse	- Gruppenarbeit - Diskussion der verschiedenen Arbeitsergebnisse	- Plakate - Folienstifte
30.11.2010	- Kompetenzschwerpunkt: Fachkompetenz – Anwendungskompetenz	- einfache Extremwertaufgaben unter Nebenbedingung → Fensteraufgabe - Übung verschiedener Problemstellungen	- Übungen in Einzel-/Partner-/Gruppenarbeit - exemplarische Präsentation	- Aufgabenblätter - Folien/Overhead
01.12.2010 **(1.bLP)**	- Kompetenzschwerpunkt: Anwendungskompetenz	- komplexere Extremwertaufgabe - Modellierung einer Coladose - Übertragen des erlangten Wissens auf komplexere Aufgabenstellungen → Zielfunktion	- Experimentieren und Modellieren in Partnerarbeit - Gruppenarbeit Haupt-/ Nebenbedingungen finden	- Arbeits-/Infoblätter - Beamer/Laptop - Plakate - Metaplankarten - Papier/Tesafilm/ Schere
03.12.2010	- Kompetenzschwerpunkt: Fachkompetenz	- Vertiefung komplexerer Aufgabenstellungen - Übung verschiedener Problemstellungen - Festlegen des Definitionsbereichs	- Gruppenarbeit - exemplarische Präsentation	- Aufgabenblätter - Folien/Overhead - Plakate

Datum			
10.12.2010	- Kompetenzschwerpunkt: Fachkompetenz – Selbsteinschätzungskompetenz	- Auseinandersetzung mit komplexen Aufgabenstellungen - SuS sollen sich in Bezug auf Klassenarbeit selbst einschätzen, um nächste Stunde noch einmal gezielt üben zu können	- Eigenen Leistungsfortschritt beurteilen - Verortung bzgl. des eigenen Leistungsstands	- Buch - Plakat
14.12.2010	- Kompetenzschwerpunkt: Selbstorganisationskompetenz – Anwendungskompetenz	- Wiederholung des Themas gebrochenrationale Funktionen - Wiederholung des Themas Extremwertaufgaben unter Nebenbedingungen	- Gruppen-/Partner-/Einzelarbeit - individuelle Vorbereitung auf die Klassenarbeit - Besprechung exemplarisch ausgesuchter Aufgaben	- Arbeitsblätter - Tafel - Plakate aus den letzten Stunden
17.12.2010	- Kompetenzschwerpunkt: Leistungsüberprüfung	- 2. Klassenarbeit		
21.12.2010	- Kompetenzschwerpunkt: Leistungsreflexion	- Besprechung der Klassenarbeit und der Epochalnoten		- Klassenarbeit - Overhead - Tafel

7. Verlaufsübersicht der 1. und 2. Unterrichtsstunde

Zeit	Inhalt	Unterrichtsform	Didaktische Absicht
2 Min.	**Begrüßung**		
3 Min.	**Eröffnung** Einführung in die Problemstellung, Interesse der SuS für die Aufgabe wecken.		Übersicht über den heutigen Unterrichtsverlauf
32 Min.	**Erarbeitungsphase I** Hier entwerfen und basteln die SuS am Modell einer Coladose entsprechende Dosen selbst, die das gleiche Volumen haben, aber unterschiedliche Radien und Höhen aufweisen. Dabei untersuchen sie die jeweilige Oberfläche.	Partnerarbeit	Experimentieren und Modellieren → Erkenntnis gewinnen, dass bei gleichbleibendem Volumen Radius und Höhe von einander abhängen und die Oberfläche dadurch variiert.
8 Min.	**Unterrichtsgespräch** - Besprechung der gebastelten Dosen und der Vorgehensweise beim Modellieren - Visualisierung am PC zur Verdeutlichung der Zusammenhänge - Rückbesinnung auf die eigentliche Aufgabenstellung	Lehrer-Schüler Gespräch	SuS diskutieren über ihre Ergebnisse. Zusammenhänge der Variablen werden besprochen und visualisiert.
	Zwischen dem Unterrichtsgespräch und der zweiten Erarbeitungsphase kommen Sie in den Unterricht dazu.		
30 Min.	**Erarbeitungsphase II** - Aufstellen der Zielfunktion durch betrachten der Haupt- und Nebenbedingung - Extremwertberechnung → Ergebnisse für r, h, O	Gruppenarbeit	SuS wenden ihr Wissen aus den vorherigen Unterrichtseinheiten und der ersten Arbeitsphase auf die neue Problemstellung an.
5 Min.	**Präsentationsphase** In einer Vernissage schauen sich die SuS die Handlungsprodukte der anderen an und kommen so miteinander ins Gespräch.	Schülervortrag	Überblick anderer Lösungsmöglichkeiten bekommen und mit eigener Vorgehensweise vergleichen.
10 Min.	**Reflexionsphase** Ergebnisse werden verglichen und besprochen und unterschiedliche Lösungen/Lösungswege diskutiert. Aufstellen der Zielfunktion durch Haupt- und Nebenbedingungen.	Lehrer-Schüler Gespräch	Ergebnissicherung für Schüler, Vergleich mit anderen Ergebnissen, Besprechung von Problemen bei der Bearbeitung der Aufgabe, Bezug zu vorherigen Aufgaben.
	Hausaufgaben: Aufgabenblatt: Aufgabe 9 (Quader)		Festigung und Vertiefung des Gelernten.

Literaturverzeichnis

BARZEL, B./BÜCHTER, A./LEUDERS, T.: „Mathematik Methodik", Cornelsen Verlag, Berlin 2006

BIGALKE, A./KÖHLER, N.: „Mathematik – Analysis", Cornelsen Verlag, Berlin 2007

BRUDER, R./LEUDERS, T./BÜCHTER, A.: „Mathematikunterricht entwickeln", Cornelsen Verlag Skriptor, Berlin 2006

DANCKWERTS, R./DANKWART, V.: „Analysis verständlich unterrichten", Spektrum Akademischer Verlag, München 2006

LEHRPLAN MATHEMATIK gegliedert in Lernbausteine für Fachhochschulreifeunterricht, Ministerium für Bildung, Frauen und Jugend 2005, Rheinland-Pfalz

Anhang

Das Dosenproblem

Wird zur Verpackung von Gebrauchsgütern ein hochwertiges Material verwendet, das bei der Kalkulation merklich den Preis des Artikels beeinflusst, so besteht ein Interesse mit möglichst wenig Material pro Artikel auszukommen.

Dies gelingt oft durch eine optimale Formgebung. So ist es kein Zufall, dass die Getränkedosen diverser Hersteller in der Regel ähnliche Maße aufweisen.

Ein Erfrischungsgetränk soll in zylindrischen Dosen aus Weißblech angeboten werden. Das Volumen einer Dose soll 330 ml betragen (0,33 l). Aus Kostengründen und der Umwelt zuliebe soll der Materialbedarf pro Dose durch eine günstige Formgebung möglichst niedrig gehalten werden.

1. Entwerft in Partnerarbeit eine Cola Dose, die das gleiche Volumen wie die Originaldose hat, aber einen anderen Radius aufweist. Entscheidet welchen Radius ihr dabei verwenden wollt und wählt den Radius r zwischen 0 und 9 cm.

2. Messt nun die Original-Cola-Dose ab und vergleicht die Maße mit eurem Ergebnis. Was fällt euch dabei auf? Ist der Kosten- bzw. Umweltaspekt berücksichtigt worden?

3. Beschreibt eure Vorgehensweise bei der Bearbeitung der Aufgabe! Wie seid ihr auf die Größen Radius r, Höhe h und Oberfläche gekommen? Welche Zusammenhänge habt ihr erkannt? Welche Maße könnte die optimale Dose haben?

4. Tragt eure Ergebnisse auf dem Flipchart in das Koordinatensystem ein.

⏲	30 Min.
👥	Partner

Infoblatt – Zylinder

Skizze:

        Volumen   **Oberfläche**

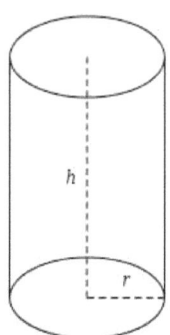 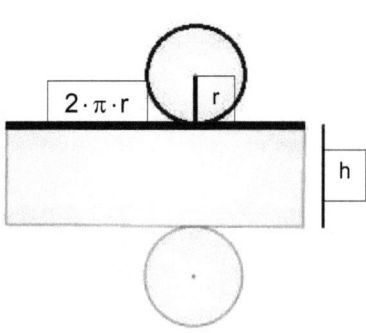

Formeln

    Volumen: $V = \pi \cdot r^2 \cdot h$ **Oberfläche:** $O = 2 \cdot \pi \cdot r \cdot h + 2 \cdot \pi \cdot r^2$

                                                 Kreisumfang: $U = 2 \cdot \pi \cdot r$

Die **Zahl** Pi: $\pi \approx 3{,}1415...$

Graph der Funktion für die Oberfläche des Zylinders in Abhängigkeit vom Radius r:

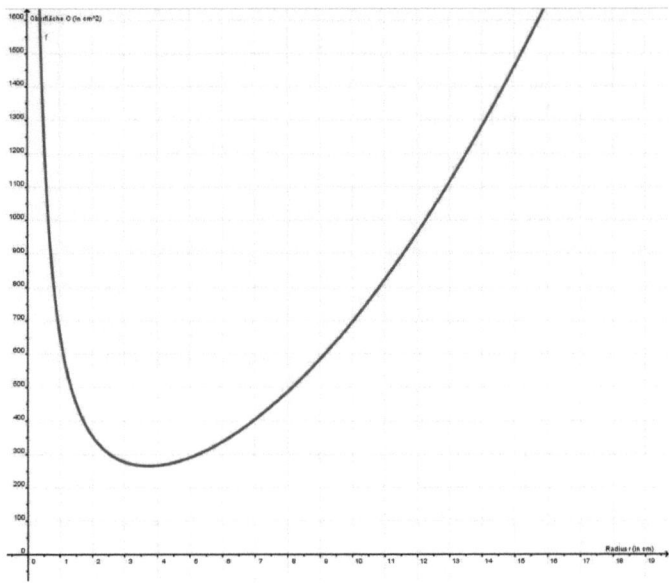